공부가 아이의 길이 되려면

···· 내 아이를 위한 강점 혁명 노트 ····

초판 한정
별책 부록

공부의 진정한 주인은

누구인가

1.   자녀의 강점 발휘

아이의 약점보다 강점에 집중하기

:

성공한 사람들은 자신의 강점을 살리는 일에 90% 이상을 투자합니다. 차별성은 제품뿐만 아니라 우리 아이들에게도 커다란 무기가 될 수 있습니다.

축구선수 메시는 키가 170센티미터밖에 되지 않았지만 약점을 극복하고 세계 최고의 축구선수로 성장했습니다. 다음은 메시가 직접한 말입니다.

"나는 열한 살 때 충격적인 사실을 알았다. 성장 호르몬의 이상으로 키가 더는 자라지 않는다는 것이었다. 축구선수에게 매우 불리한 상황이었지만 오히려 그것이 나를 더욱 강하게 만들었다. 나는 더 날쌔지기로 했고, 공을 공중으로 띄우지 않는 기술을 연마했다. 단점을 장점으로 바꾸었다. 그리고 이제 누구도 내 공을 함부로 빼앗을 수 없게 되었고, 어떤 상황에서도 골을 넣을 수 있게 되었다. 콤플렉스와 절박함이 나를 만들었다. "

"사람은 자신의 강점을 활용할 때
더 높은 성취감을 느끼고 더 행복해진다."

— 『마틴 셀리그만의 긍정 심리학』 저자, 마틴 셀리그만

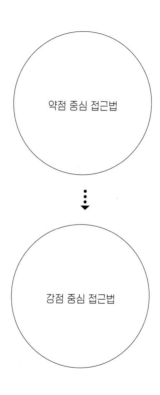

아이의 능력 적성 찾아주기

⋮

능력 적성은 아이를 어떻게 교육시키고 어떤 직업을
선택하도록 돕는 데 매우 중요한 요소입니다. 하버드
대학교 교육대학원 교육심리학 교수인 하워드 가드
너가 분류한 지능의 종류를 함께 살펴보면서 우리 아
이는 어떤 능력을 발휘할 수 있을지 살펴볼까요?

언어 지능

독서, 말하기, 쓰기, 듣기

작가, 변호사

논리 수학 지능

수학, 과학, 논리, 사고력

과학자, 수학자

시각 공간 지능

색, 선, 모양, 형태, 공간, 시각능력

건축가, 디자이너

신체 운동 지능

운동, 손재주, 활동성

운동선수, 조각가

음악

작곡, 가창,
청음, 연주

작곡가

대인 관계 지능

진화력, 리더십,
타인공감, 조직적응

상담사, 정치가

자기 성찰 지능

자아성찰, 독립심,
자기통제,
자기이해, 자존감

심리치료사,

종교지도사

자연 친화 지능

인체탐구,
동식물 과학친화,
환경보존

환경학자, 수의사

즐기는 것과 일하는 능력은 다르다

⋮

흥미와 재능의 차이를 알고 계시나요? 먼저 흥미는 어떤 일에 대한 호기심과 즐거움을 느끼는 감정적인 측면을 말합니다. 반면 재능은 특정한 분야에서 뛰어난 능력을 보이는 잠재력을 의미합니다.

하지만 흥미와 재능은 반드시 일치하지는 않습니다. 가령 저는 노래를 좋아하지만 아무리 노력해도 노래를 잘할 수는 없었습니다. 마찬가지로 축구를 좋아하는 아이가 모두 프로 축구선수가 되는 것은 아니지요.

물론 흥미와 재능은 연결되어 있지만 반드시 일치하지는 않습니다. 아이가 자신의 흥미와 현실적인 능력 사이에서 갈등을 겪는 모습을 보일 때, 부모는 아이의 꿈을 존중하면서도 현실적인 조언을 해줄 필요가 있습니다.

흥미가 재능을 발휘하는 데 중요한 역할을 하고, 꾸준한 노력과 훈련을 통해 어느 정도 재능을 개발할 수도 있습니다. 하지만 모든 분야에서 뛰어난 재능을 발휘하기는 현실적으로 어렵습니다. 따라서 아이가 가장 잘하고 즐길 수 있는 분야에 집중하도록 도와주는 것이 필요합니다.

흥미와 재능은 유전적인 요인뿐만 아니라 환경적인 요인의 영향을 크게 받습니다. 가족의 지원, 친구들과의 교류, 교육 환경 등 다양한 환경 요인이 개인의 흥미와 재능을 형성하고 발달시킵니다. 따라서 아이의 흥미와 재능을 찾아주려면 다양한 경험을 할 수 있도록 도와주는 노력이 필요합니다. 우리 아이의 강점을 파악하고 이를 바탕으로 진로를 탐색하는 것은 매우 중요합니다. 강점을 활용하면 힘을 덜 들이고도 더욱 쉽게 목표를 달성하고, 삶의 만족도를 높일 수 있습니다.

좋아하는 일을 잘하는 것은 이상적인 상황이지만, 현실적으로는 어려울 수 있습니다. 중요한 것은 자신이 좋아하는 일을 찾고, 이를 바탕으로 꾸준히 노력하는 것입니다. 실패를 두려워하지 않고, 새로운 것에 도전하는 자세가 필요합니다.

"아주 저조한 수행 결과가 나타난 분야의 일을
평균 수준으로 끌어올리려면
막대한 시간과 노력이 소비되지만
잘하는 분야의 수행 결과를 최상으로 끌어올리는 데는
시간과 노력이 별로 들지 않는다."

— 『또 다른 90퍼센트』의 저자, 로버트 쿠퍼

그렇다면
우리 아이의 재능과 흥미가 일치하는 지점을
어떻게 찾아야 할까요?

흥미와 재능의 일치, 스윗 스팟

:

우리 아이가 행복한 인생을 살 수 있도록 흥미와 재
능이 일치하는 지점을 찾아주고 싶은 부모님들은
'스윗 스팟(Sweet spot)' 이론을 꼭 기억해주세요.

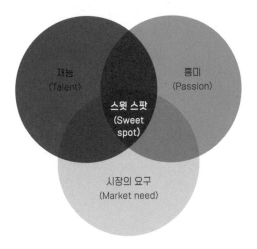

스윗 스팟이란, 말 그대로 가장 달콤한 지점을 말해
요. 개인의 흥미와 재능 그리고 시장의 요구가 일하
는 지점인데요. 이 지점이 바로 개인의 가장 효과적
으로 자신의 잠재력을 발휘할 수 있으며, 동시에 사
회에 기여하여 만족감을 얻을 수 있는 최적의 상태
입니다. 스윗 스팟을 찾게 되면, 자신감과 만족감을
얻을 수 있을 뿐만 아니라, 높은 성과를 창출하고 즐
겁게 일하며 삶의 질을 향상시킬 수 있습니다.
그럼 이제 스윗 스팟을 찾아볼까요?

스윗 스팟을 발견하기 위한 질문

:
:

· 나는 무엇을 할 때 가장 행복할까?

· 나는 어떤 일을 잘할까?

· 세상에는 무엇이 필요할까?

· 내가 가진 장점으로 어떤 문제를 해결할 수 있을까?

· 내가 이루고 싶은 삶은 어떤 모습일까?

사춘기 시기에는
학습적인 측면보다 부모와 자녀 간의
관계 형성에 더욱 신경을 써야 합니다.

너무 가깝지도 너무 멀지도 않게

.
.
.

성장통이 심한 아이들은 자라며 부모와 애착이 떨어지거나, 행동에 대한 적절한 피드백이 안 되었거나 자기 통제력을 발휘해본 경험이 부족한 이유도 있습니다. 어떤 경우에는 자존감도 영향을 줍니다. 그 시기가 오기 전에 가까이에서 애착의 강도를 높이고, 그때가 오면 무리하게 너무 가깝게 다가가려고 하지 말고, 그렇다고 너무 멀리하지도 않아야 합니다.

"생각과 행동이 다르고, 세상과 자꾸만 충돌이 생기고,
무엇 하나 뚜렷하지 않으니
마음은 불안하고 혼잡한 상태."

— 이소프팅 하이멘토 부소장

사춘기 자녀와 대화법

:

사춘기 자녀와의 소통은 부모에게 어려운 과제입니다. 닫힌 마음을 열고 진솔한 대화를 이끌어내기 위해서는 효과적인 대화법이 필요합니다.

· 아이가 원하는 상황이 아니면 짧게 말하기
· 충고하지 말고 공감하기
· 긍정적으로 경청, 리액션
· 아이의 관심사에 함께하기
  (아이의 관심사에 실제로 관심 가지기)
· 즉각적이고 구체적인 칭찬

5 Why 분석법

⋮

5 Why 분석법이란 문제가 발생할 때마다 최소 5회 연속적으로 문제가 발생한 이유, "왜?"를 질문하여 문제의 근본적인 원인을 찾아내는 데 사용되는 문제 해결 기법입니다.

이 기법은 대화뿐 아니라 면접 기법으로도 유용하게 사용할 수 있습니다.

5 Why 분석법 실제 해보기

– 숙제한 것을 깜빡하고 학교에 안 가져갔다면?

왜 숙제를 깜빡했을까?

⋯▶ 학교 가방에 넣는 것을 잊어버렸어요.

왜 가방에 넣는 것을 잊어버렸을까?

···⟩ 숙제를 다 하고 바로 놀기 시작했어요.

왜 그렇게 바로 놀고 싶었을까?

···⟩ 숙제가 재미없어서 빨리 끝내고 싶었어요.

왜 숙제가 재미없었을까?

···⟩ 어려운 문제가 많아서 이해가 안 됐어요.

왜 이해가 안 됐을까?

···⟩ 선생님 설명을 잘 듣지 못했어요.

이렇게 몇 번의 질문을 통해 근본적인 원인이 '선생님 설명을 잘 듣지 못했다'라는 것을 알 수 있게 됩니다.

5 Why 질문이 일상이 되면,
단순한 겉모습이나 표면적인 이유만으로
판단하는 오류를 줄이고,
더 깊이 있게 아이의 마음을 이해하고
소통할 수 있습니다.

2.   학습 전략 및 진로 설계

학업 능력은 삼박자가 맞아야 키워진다

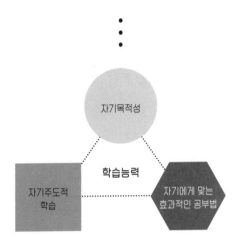

자기 목적성이란 학습을 단순히 의무가 아닌, 스스로 성장하기 위한 하나의 과정으로 인식하는 것입니다. 외부의 강요나 보상 없이도 스스로 학습에 몰두하고, 학습 과정 자체를 즐길 수 있습니다. 아이들이 스스로의 진로를 설정 하고 목표를 가지는 것은 학습에 대한 동기를 부여하는 강력한 방법입니다.

자기 주도적 학습이란 학습의 모든 과정을 스스로 이끌어가는 것입니다.

자기 주도적 학습, 자기 목적성, 자신에게 맞는 학습 방법을 찾는 능력을 갖춘 아이들은 급변 하는 미래 사회에서도 성공적으로 살아갈 수 있을 것입니다.

자신에게 맞는 공부 방법이 있다

·
·
·

모든 학생이 동일한 학습 방식에 효과적으로 반응하는 것은 아닙니다. 각 학생은 고유한 학습 스타일과 강점을 가지고 있으므로, 이를 이해하고 맞춤형 학습 전략을 제시하는 것이 중요합니다.

리더형(E/T)	사교형(E/F)
주도적인 발표 수업이나 토론을 통해 새로운 경험, 자극을 받을 수 있는 학습 방법이 좋다. 특히 관찰과 암기 위주의 학습이 효과적이다.	자신의 생각을 전달하거나 언어적 표현을 할 수 있는 발표 수업, 현장 탐방 및 토론 수업이 효과적이다. 시연과 반복적인 학습 방법을 선호한다.
목표 설정, 계획 수립, 발표, 토론, 관찰, 암기	**협동 학습, 발표, 토론, 시연, 반복 학습**

분석형(I/T)	조화형(I/T)
관찰 학습이나 연구 문제 풀이 같은 학습 방법이 효과적이다. 관찰, 분석, 연구, 문제풀이	개인적인 학습 과제를 선호하며, 생각을 표현하기 위해 글쓰기 전략을 활용한다. 글쓰기, 그림 그리기, 마인드맵, 감각적 활동

예습 vs 선행학습 vs 복습

.
.
.

많은 학생들이 배우는 것에 많은 시간을 투자하지
만, 정작 중요한 것은 배운 내용을 얼마나 깊이 이해
하고 내 것으로 만들었는지입니다.

복습을 7 한다면 예습을 3

선행학습을 마친 학생들은 본 수업에 집중할 의욕이
사라집니다. 똑같은 것을 반복한다고 생각하기 때문
이죠. 여기서 '듣는 척, 하는 척, 아는 척'의 습관이
형성됩니다.
공부에 흥미를 잃는 이유는 다양하겠지만 잘못된 학
습 방법도 한 원인이 됩니다.

아이들의 진로 선택

⋮

부모가 간과하는 점들

· 제한된 정보: 대부분 부모들은 자신이 경험했던 직업이나 주변에서 흔히 볼 수 있는 직업에 대한 정보만을 가지고 있습니다.

· 현재 중심의 사고: 미래 사회의 변화를 예측하기 어렵기 때문에, 현재 안정적인 직업을 선호하는 경향이 있습니다.

· 경쟁 중심의 사고: 많은 부모들이 자녀가 남들보다 앞서나가기 위해 치열한 경쟁 속에서 살아남아야 한다고 생각합니다.

게임에 빠진 아이

.
.
.

반응성 집중력 (수동적 집중)	초점성 집중력 (능동적 집중)
게임 등 자극적인 활동에 집중하는 것	독서, 공부, 운동 등을 하며 집중하는 것

게임은 강렬한 시각적, 청각적 자극을 제공하여 뇌에 쾌감을 주어 의존성을 높입니다. 목표 달성 시 즉각적인 보상을 제공하여 성취감을 느끼게 하므로, 이러한 즉각적인 보상은 도파민 분비를 촉진하여 중독성을 높입니다

아이들도 스트레스를 풀 수 있는 활동을 하도록 다

른 채널을 만들어줘야 합니다. 선진국의 아이들은 학업 이외 운동이나 악기 등 해소 방법을 마련해줍니다. 그에 비해 우리 아이들은 스마트폰 이외 해소할 방법이 적거나 없다 보니 더 집착하게 됩니다.

공부가 아이의 길이 되려면

⋮

공부는 평생 아이의 길을 만드는 동반자라 생각하고 함께할 수 있도록 자기 주도 학습 능력을 키우도록 해줘야 합니다.

자기 주도적 학습이란 학습의 모든 과정을 스스로 주도적으로 이끌어가는 것입니다. 학습 목표를 설정하고, 학습 계획을 세우고, 학습 방법을 선택하는 등 모든 과정을 스스로 결정하고 실행합니다. 자기 주도적 학습 능력을 갖춘 아이는 학교 밖에서도 스스로 학습하며 성장할 수 있습니다.

3. 가치관의 이해와 성장

다름을 이해하고 인정하기

∴

특징	외향적인사람	내향적인사람
소통 방식	말하는 것을 좋아하고, 감정을 직접적으로 표현	글 쓰는 것을 좋아하고, 감정을 내면에 담아둔다.
외부 자극에 대한 반응	외부요청이나 외적 환경에 의해 쉽게 끌려나간다	외부 요청이나 방해에 의해 쉽게 지친다.
사회성	관계를 중요하게 생각하고, 사람들과의 교류를 통해 에너지를 얻는다.	개인적인 시간과 공간을 중요하게 생각하고, 소수의 친한 사람들과의 관계를 선호한다.
삶의 방식	삶에 넓이를 부여하고, 다양한 경험을 추구한다.	삶에 깊이를 부여하고, 내면 세계를 탐구한다.
생각하는 방식	행동하고 나서 생각하는 경향이 있다.	생각하고 나서 행동하는 경향이 있다.
에너지 충전방식	타인과의 교류, 외부 활동을 통해 에너지를 얻는다.	혼자만의 시간, 독서, 사색을 통해 에너지를 얻는다.

하드 스킬과 소프트 스킬

· · ·

하드 스킬	소프트 스킬
생산, 마케팅, 재무, 회계 등 구체적인 기술이나 지식	의사소통 능력, 리더십, 팀워크, 문제 해결 능력, 창의성

하드 스킬은 기계가 빠르게 학습하고 능숙하게 수행할 수 있는 영역입니다. 소프트 스킬이란 사람만이 가질 수 있는 능력을 의미합니다. 이러한 소프트 스킬은 인공지능이 쉽게 모방하기 어려운 영역입니다.

인공지능이 점점 더 발전하면서, 단순 반복적인 업무는 기계에게 맡기고 사람은 창의적이고 복잡한 문제 해결에 집중하게 될 것입니다. 이를 위해서는 뛰어난 소프트 스킬이 필수적이라고 할 수 있습니다.

지혜가 필요한 세상

⋮

구분	지식	지혜
정의	사실에 대한 이해	지식을 바탕으로 문제 해결 및 현명한 판단
습득 방법	책, 강의 등을 통한 학습	경험, 사고, 반성을 통한 습득
중요성	기본적인 토대 제공	실생활 적용 및 문제 해결 능력 부여

지식이 많다고 해서 반드시 지혜로운 것은 아닙니다.

실행력이 없으면 모든 것은 물거품이 된다

:
.

실행력이란 무엇일까요? 단순히 생각을 행동으로 옮기는 것을 넘어, 계획한 일을 끝까지 해내는 끈기와 의지입니다.

실행력을 높이는 데 도움이 되는 습관

· 매일 아침 계획 세우기: 하루를 계획하고, 목표를 달성하기 위한 구체적인 행동 계획을 세우는 습관을 들이세요.

· 시간 관리: 시간을 효율적으로 활용하기 위해 시간표를 만들고, 시간 관리 앱을 활용하는 것도 좋은 방법입니다.

· 집중력 향상: 방해 요소를 제거하고, 한 가지 일에 집중하는 습관을 길러야 합니다.

· 규칙적인 운동: 규칙적인 운동은 집중력을 높이고, 스트레스를 해소하는 데 도움이 됩니다.
· 충분한 수면: 충분한 수면은 학습 능력과 집중력을 향상시키는 데 중요합니다.

4.   미래에 대한 대비

관심과 간섭

．
．
．

관심과 간섭의 경계를 정하는 것은 쉽지 않습니다.
하지만 아이의 성장을 위해 부모는 분명한 선을 그
어야 합니다.

과도한 간섭은 아이의 자존감을 떨어뜨리고, 스스로
문제를 해결하는 능력을 저해할 수 있습니다.

아이를 믿고 기다려주는 것, 이것이 진정한 사랑이
아닐까요?

AI 시대에 필요한 핵심 역량

⋮

과거에는 지식 암기와 문제 풀이 능력이 중요시되었지만, 이제는 창의성, 비판적 사고, 문제 해결 능력, 협업 능력 등이 더욱 중요 해지고 있습니다.

인공지능 시대에 필요한 핵심 역량

· 끊임없는 학습 능력: 빠르게 변화하는 세상에서 살아남기 위해서는 끊임없이 새로운 것을 배우고 익히는 능력이 필수적입니다.

· 창의적 문제 해결 능력: 기존의 지식과 경험을 바탕으로 새로운 문제에 대한 해결책을 찾아내는 능력이 중요합니다.

· 집요하게 질문하는 능력: AI가 제시하는 것을 맹목적으로 수용하지 말고 해당 정보의 다른 관점에 대

해 집요하게 질문해서 원하 는 것을 얻는 능력이
중요합니다.

· 비판적 사고 능력: 정보의 홍수 속에서 진실과 거
  짓을 판단하고, 비판적인 시각으로 문제를 분석하
  는 능력이 필요합니다.

· 소통 능력: 다양한 사람들과 효과적으로 소통하고
  협력하여 공동의 목표를 달성하는 능력이 중요합
  니다.

· 도덕적 판단 능력: 인공지능 시대에는 윤리적인 문
  제에 대한 판단 능력이 더욱 중요해질 것입니다.

행복하게 살라는 말을 많이 하자

.
.
.

행복의 기준은 아이에게 있습니다. 아이의 행복은 부모가 정의하는 것이 아니라, 스스로가 느끼는 것입니다. 아이가 무엇을 통해 행복을 느끼는지 관찰하고, 아이의 행복을 존중해주세요.

우리 아이들에게 자주 하는 말들을 떠올려보세요. 무심코 내뱉는 말들이 아이들의 마음에 어떤 영향을 미치고 있을까요?

혼자 살아갈 수 있게 해주는 것이 최고의 유산

⋮

피터 팬 증후군이란?

아이가 어린 시절에 경험한 행복한 기억에 묶여, 더 성숙한 관계나 역할을 수행하는 것을 두려워 하는 상태.

부모가 자녀를 지나치게 보호하고 모든 것을 대신해 주는 경우, 아이는 스스로 문제를 해결하고 책임감을 느낄 기회가 없어 자립심이 부족해집니다.

피터 팬 증후군의 특징

· 책임 회피: 일에 대한 책임을 지기 싫어하고, 문제가 생기면 다른 사람에게 떠넘기려 합니다.

· 의존적인 성격: 다른 사람에게 의존하는 경향이 강

하고, 스스로 결정하기 어려워합니다.

· 미성숙한 행동: 어린아이 같은 행동을 보이며, 현실적인 문제 해결 능력이 부족합니다.

· 불안정한 대인 관계: 깊이 있는 관계를 맺기 어려워하고, 관계에서 갈등이 생기면 쉽게 포기하려 합니다.

부모의 역할은 아이의 성장을 돕는 것입니다. 아이가 스스로 문제를 해결하고 성장할 수 있도록 격려하고 지지하는 것이 부모의 가장 중요한 역할입니다.

아이가 실패를 통해 얻는 교훈은 곧 아이의 자산이 되어, 앞으로 살아가면서 큰 힘이 될 것입니다. 아이의 성장을 위해서는 실패를 두려워하기보다는, 실패를 통해 배우고 성장하는 기회로 삼아야 합니다. 아이는 다양한 어려움을 극복하며 성장할 수 있습니다.

부모와 자녀의 바람직한 관계는 서로에게 긍정적인 영향을 미칩니다. 자녀는 부모의 지지와 격려를 바탕으로 자신감을 얻고, 독립적인 성인으로 성장할 수 있습니다. 부모는 자녀의 성장을 통해 보람과 행복을 느낄 수 있습니다.

아이가 건강하게 성장할 수 있도록 따뜻한 시선으로 지켜봐주세요. 부모와 자녀는 서로에게 행복한 삶을 선물할 수 있을 것입니다.

부모도 함께 성장해야 합니다.
아이를 키우는 것은
부모에게도 큰 성장의 기회입니다.
아이와 함께 배우고 성장하며,
더 나은 부모가 되기 위해 노력해야 합니다.